BEI GRIN MACHT SICH IHR WISSEN BEZAHLT

- Wir veröffentlichen Ihre Hausarbeit, Bachelor- und Masterarbeit

- Ihr eigenes eBook und Buch - weltweit in allen wichtigen Shops

- Verdienen Sie an jedem Verkauf

Jetzt bei www.GRIN.com hochladen und kostenlos publizieren

Bibliografische Information der Deutschen Nationalbibliothek:

Die Deutsche Bibliothek verzeichnet diese Publikation in der Deutschen National-
bibliografie; detaillierte bibliografische Daten sind im Internet über http://dnb.d-
nb.de/ abrufbar.

Impressum:

Copyright © 2009 GRIN Verlag, Open Publishing GmbH
Druck und Bindung: Books on Demand GmbH, Norderstedt Germany
ISBN: 9783640466467

Dieses Buch bei GRIN:

http://www.grin.com/de/e-book/137776/die-stadt-umland-beziehung-am-beispiel-
bremen-und-die-umsetzung-des-themas

Jasmin Ludolf

Die Stadt-Umland-Beziehung am Beispiel Bremen und die Umsetzung des Themas im Geographieunterricht

GRIN Verlag

Inhaltsverzeichnis

1. Einleitung

Den Beziehungen von Stadt und Umland kommt nicht nur innerhalb geographischer Forschungen eine bedeutende Rolle zu, sondern beeinflusst auch unser eigenes Leben. Viele Menschen, die im Umland einer Stadt leben, verbringen täglich viel Zeit in Zug, Bus oder Auto, um ihre Arbeitsstätte oder Schule in der Stadt zu erreichen.

Im Rahmen meiner Hausarbeit möchte ich klären, wie diese Verflechtungen zwischen Stadt und Umland zustande kommen. Wie prägen diese Beziehungen das Leben der Menschen im Umland? Und welche Probleme ergeben sich daraus für die Stadt? Dies sind weitere Fragen, die beantwortet werden sollen. Da Stadt und Umland als Lebensraum außerdem einen wichtigen Abschnitt der unmittelbaren Lebenswelt der Kinder ausmacht, sollte die Thematik auch in der Schule behandelt werden. Deswegen ist es ein weiteres Ziel meiner Hausarbeit, zu zeigen wie die Thematik der Stadt-Umlands-Beziehungen im Geographieunterricht umgesetzt werden können. Die Hausarbeit lässt sich in drei Teile untergliedern.

Der erste Teil meiner Hausarbeit soll sich den allgemeinen Stadt-Umland-Beziehungen widmen. Hierbei soll zunächst auf den geographischen Stadtbegriff eingegangen werden, wobei geklärt werden soll, was eine Stadt im Gegensatz zu ihrer ländlichen Umgebung eigentlich ausmacht. Wie sich die Stadt und die Beziehung zu ihrem Umland im Zuge des Prozesses der Suburbanisierung verändert hat, soll anschließend näher erläutert werden. Abschließen soll dieser Teil mit der Darlegung des für heutige Industriestaaten typischen Beziehungsstatus von der Stadt und ihrem Umland, nämlich Stadt und Umland als Verflechtungsraum.

Im zweiten Teil soll der Stadtstaat Bremen beispielhaft für einen Raum stehen, der in den letzten Jahrzehnten aufgrund der Suburbanisierung vielfältige Entwicklungen vollzogen hat. Nach einer kurzen Beschreibung zur Lage und Größe Bremens, sollen Veränderungen hinsichtlich der Bevölkerung und der Wirtschaft Bremens, die im Zusammenhang mit der Suburbanisierung stehen, dargelegt werden. Da diese Entwicklungen nicht ohne Folge für die Kernstadt blieben, sollen außerdem Probleme aufgezeigt werden, die sich durch die Suburbanisierung für diese ergeben.

Wie die Thematik der Stadt-Umland-Beziehung im Geographieunterricht umgesetzt werden kann, soll anhand eines Beispiels im dritten Teil der Hausarbeit gezeigt werden.

Abschließend möchte ich in einem persönlichen Fazit Stellung zu der Thematik nehmen.

2. Stadt und Umland

2.1 Geographischer Stadtbegriff

Eine eindeutige Definition für den Begriff der Stadt zu finden erweist sich als äußerst schwierig, da diesem je nach Zeit sowie Raum und dessen Entwicklungsstand unterschiedliche Kriterien zugewiesen werden. Hinzu kommt, dass in den heutigen Industriestaaten aufgrund des Prozesses der Suburbanisierung, welcher in den folgenden Punkten noch näher beschrieben wird, die Grenze zwischen Stadt und Land zunehmend verschwimmt (vgl. Heineberg 2000, S. 23). Des Weiteren ist die Stadt ein „multidisziplinärer Forschungsbereich" (Quelle: Lichtenberger 1986, S.35), es liegen demzufolge verschiedene Definitionen des Stadtbegriffes von den unterschiedlichen Wissenschaften vor, wie beispielsweise der soziologische, historisch-juristische oder der statistisch-administrative Stadtbegriff (vgl. Heineberg 2000, S. 23ff.). Im Folgenden soll der geographische Stadtbegriff näher erläutert werden, da dieser vielschichtiger ist als die Genannten. Im Gegensatz zu dem statistisch-administrativen Stadtbegriff, welcher sich lediglich nach den Einwohnerzahlen richtet, beinhaltet der geographische Stadtbegriff unter anderem auch wirtschaftliche und soziale Aspekte. In der Literatur finden sich zahlreiche Merkmale zum geographischen Stadtbegriff. An dieser Stelle sollen die sechs Kennzeichen des geographischen Stadtbegriffs nach Bähr und Jürgens dargestellt werden.

In der Vergangenheit war die Geschlossenheit der Ortsform für einen langen Zeitraum charakteristisch für eine Stadt, da die Grenze zwischen Stadt und Land, beispielsweise durch Mauern, deutlich auszumachen war. Der Prozess der Suburbanisierung führte dazu, dass diese Grenze heute nicht mehr vorhanden ist. Zu unterscheiden sind die zwei Räume jedoch heute häufig dadurch, dass viele Städte eine „Hohe Bebauungsdichte und Mehrstöckigkeit der Gebäude" (Quelle: Bähr / Jürgens 2005, S.22) aufweisen. Diese dichte Bebauung leitet zu einem weiteren Kennzeichen von Städten, nämlich dem Mindestmaß an Bevölkerung und Fläche. Dabei war lange Zeit eine abfallende Bevölkerungsdichte vom Stadtinneren nach außen charakteristisch, was jedoch in größeren Städten aufgrund des Prozesses der Citybildung[1] verändert wurde. Auch wenn Städte eine lange Zeit wegen der Wanderungen der Bevölkerung vom Land in die Stadt gewachsen sind, hat dieses Phänomen in den Industriestaaten mittlerweile abgenommen (vgl. ebd., S.22).

---

[1] „Funktionswandel des zentralst gelegenen Standortraumes einer Stadt [...]. Dieser Wandel ist durch eine zunehmende Konzentration von Einzelhandels- sowie öffentlichen und privaten Dienstleistungseinrichtungen [...] und eine dadurch bedingte strake Abwanderung [...] der Wohnbevölkerung gekennzeichnet." (Quelle: Heineberg 2000, S. 16.)

Als weiteres Merkmal zählt, dass der Großteil der Beschäftigten im sekundären und tertiären Bereich tätig ist, wobei eine hohe Arbeitsteiligkeit vorliegt. Da bei gleichzeitiger Konzentration der Arbeitsplätze innerhalb der Stadt viele Beschäftigte außerhalb der Stadt wohnhaft sind, verfügt die Stadt weiterhin über einen Einpendlerüberschuss (vgl. Bähr / Jürgens 2005, S.22f.).

Ferner macht ein Vorherrschen städtischer Lebens- und Kulturformen eine Stadt aus, was auch als Urbanität beschrieben wird. Hierzu zählen zum Beispiel charakteristische Haushaltsgrößen und Familienstrukturen, wie Einpersonenhaushalte und nicht eheliche Lebensgemeinschaften. Freizeitverhalten, Konsummuster und kulturelle Orientierung gehören außerdem dazu (vgl. ebd., S.23).

Eine innere Differenzierung, auch Viertelsbildung genannt, ist ebenfalls typisch für Städte. Hierbei unterscheidet man zwischen City, „Industrie- und Gewerbegebieten, Mischzonen sowie Wohnvierteln" (Quelle: ebd., S.23). Bezüglich der Wohnviertel findet eine weitere Wohnsegration statt, das heißt, dass Bewohner aus unterschiedlichen sozialen Schichten räumlich getrennt, also in verschiedenen Stadtvierteln, leben (vgl. ebd., S.23).

Das letzte Merkmal beschreibt das Mindestmaß an Zentralität, welches Städte aufweisen. Waren und Dienstleistungsangebot der Stadt wird demnach nicht nur von den Bewohnern der Stadt sondern auch der des Umlandes in Anspruch genommen (vgl. ebd., S.22).

Abschließend lässt sich festhalten, dass der geographische Stadtbegriff sehr komplex ist, weil ihm vielfältige Kriterien zugrunde liegen. Diese sind jedoch keine festen Determinanten, sondern nach Zeit und Raum veränderbar. Demzufolge gibt es nicht den einen geographischen Stadtbegriff, sondern einen wandelbaren geographischen Stadtbegriff, wobei „Auffassungen nicht aufgegeben, sondern relativiert und durch neue ergänzt [werden]" (Quelle Heineberg 2000, S. 25).

2.2 Suburbanisierung dargestellt am Phasenmodell von Agglomerationsräumen

Wie im vorangegangenen Punkt dargestellt, ist der geographische Stadtbegriff ein dynamischer Begriff, woraus sich schließen lässt, dass auch Städte an sich ständigen Veränderungen unterliegen. Mit Augenmerk darauf spielt in den Industriestaaten der Prozess der Suburbanisierung eine bedeutende Rolle. Ganz allgemein meint dieser Prozess, das Ausdehnen von Städten über ihre bisherigen Grenzen hinaus (vgl. Brake 2001, S.15). Genauer betrachtet meint Suburbanisierung die „intraregionale Dekonzentration von Bevölkerung, Arbeitsplätzen und Infrastrukturen in verdichteten Regionen (mit einer oder mehreren Kernstädten) hochindustrialisierter Länder" (Quelle Heineberg 2000, S. 40). Zum bessern

Verständnis der Entstehung des Suburbanisierungsprozesses, soll dieser im Zusammenhang mit vorrangegangenen und nachfolgenden Prozessen betrachtet werden. In Anbetracht dessen eignet sich das Phasenmodell von Agglomerationsräumen von Gaebe zur Erläuterung besonders gut.

Das Modell beschreibt Entwicklungen hinsichtlich Bevölkerung und Beschäftigung in sogenannten Agglomerationsräumen. Mit diesem Begriff werden allgemein Verdichtungsäume „mit einer gewissen Kernbildung, einer bestimmten Flächenausdehnung und einer größeren Mindestbevölkerungszahl" (Quelle: ebd., S. 51) bezeichnet.

In dem Modell lassen sich vier Phasen unterscheiden. Die erste Phase, die Urbanisierungsphase, ist durch einen Zuwachs an Bevölkerung und Beschäftigten innerhalb der Kernstadt geprägt, was mit dem wirtschaftlichen Wachstum des 19. Jahrhunderts zusammenhängt. Das Einkommen sowie das noch nicht so stark ausgebaute Verkehrsnetz machten eine größere räumliche Entfernung von Wohnen und Arbeit für die Bevölkerung jedoch noch unmöglich, weshalb die Konzentration von Bevölkerung und Wirtschaft noch in der Kernstadt lagen (vgl. ebd., S.52).

In der zweiten Phase vollzieht sich der Prozess der Suburbanisierung. Dieser setzte in den Industriestaaten bereits im 19. Jahrhundert ein. Dass Bevölkerung und Beschäftigung im Umland einen größeren Zuwachs verzeichnen als die Kernstadt ist das wesentliche Merkmal dieser Phase. Hauptgrund für diese Entwicklung ist, dass „ein steigender Flächenbedarf derjenigen Akteure [besteht], die ein Interesse am Gesamtstandort einer Stadtregion haben, dieses jedoch in der Kernstadt nicht befriedigen wollen oder können" (Quelle: Brake 2001, S.15). Akteure meint hier zum einen die Bevölkerung, welche überwiegend aufgrund von Wohnungsmangel innerhalb der Stadt sowie höherer Wohnqualität im Umland aus der Kernstadt fortzieht. Weitere Akteure sind Industrie-, Handels- und Dienstleistungsunternehmen, welche wegen zahlreicher Vorteile des Umlandes, wie große und günstige freie Gewerbeflächen, die darüber hinaus gut erreichbar sind, eine Verlagerung in das Umland vornehmen (vgl. Heineberg 2000, S. 52f.).

An dem Punkt, an welchem zwar noch eine Zunahme im Umland erfolgt, diese aber die Verluste in der Kernstadt nicht mehr ausgleicht, spricht man von Des- oder Deurbanisierung. In dieser dritten Phase des Modells erfolgt demnach eine „absolute Bevölkerungs- und Beschäftigungsabnahme im gesamten Agglomerationsraum" (Quelle: ebd., S. 53; zitiert nach: Gaebe 1991, S.8). Hiervon besonders betroffen sind Räume mit monoton strukturierter Industrie, da diese weniger erneuerungsfähig sind als Städte mit weniger Altlasten, welche auf Arbeitskräfte und Betriebe häufig attraktiver wirken (vgl. ebd., S. 53f.; zitiert nach: Gaebe 1991, S.9).

Die letzte Phase, die Phase der Reurbanisierung, ist durch einen Anstieg von Bevölkerung und Beschäftigung in der Kernstadt gekennzeichnet, welcher durch eine Erneuerung dieser bewirkt wird. Im Zusammenhang damit steht häufig auch ein Prozess der Aufwertung, „der auf der Verdrängung unterer Einkommensgruppen durch den Zuzug wohlhabenderer Schichten basiert und zu Quälitätsverbesserungen im Gebäudebestand führt" (Quelle: ebd., S. 18; zitiert nach Helbrecht 1996a, S.2; zitiert nach Johnston 1994, S.216). Dieser Prozess wird als „Gentrification" bezeichnet.

Nach Betrachtung des Phasenmodells muss jedoch erwähnt werden, dass der Modellcharakter nicht außer Acht gelassen werden darf. So muss sich der Prozess der Suburbanisierung nicht innerhalb der beschriebenen Reihenfolge der anderen Phasen vollziehen, sondern kann auch gleichzeitig mit der Phase der Urbanisierung und Desurbanisierung auftreten (vgl. ebd., S. 55).

2.3 Stadt und Umland als Verflechtungsraum

Mit dem in Punkt 2.2 beschriebenen Prozess der Suburbanisierung ging ein Hinauswachsen der Stadt über ihre ursprünglichen administrativen Grenzen und ein Entstehen städtischer Siedlunsgebiete im ländlichen Raum einher. Als Resultat daraus entstanden vermehrt Verflechtungen zwischen Stadt und Umland. Für die Stadt- und Regionalforschung bedeutete dies, Modelle zu entwickeln, die diesen Prozess berücksichtigen. In Deutschland wurde dem Modell der Stadtregionen von Boustedt ein besonderer Stellenwert zugeschrieben, welches von dem oben genannten Grundgedanken einer tiefgreifenden Stadt-Umland-Verflechtung ausgeht (vgl. Tempel 1993, S.7ff.).

Wie Abbildung 1 auf der folgenden Seite zeigt, sind die beiden grundlegenden Elemente des Modells das Kerngebiet der Stadt, bestehend aus Kernstadt und Ergänzungsgebiet, welches der Kernstadt in struktureller und funktionaler Hinsicht ähnelt, sowie das in zonale Untereinheiten gegliederte Umland. Die Gliederung des Umlandes wurde auf der Grundlage bestimmter Indikatoren festgelegt, welchen jeweils bestimmte Grenzwerte zugeschrieben wurden. Ein Indikator stellt die Bevölkerungsdichte (Einwohner pro Quadratkilometer) dar, welche zur Darstellung der baulichen Verstädterung dient. Zweiter Indikator ist der Anteil der in der Landwirtschaft tätigen Erwerbspersonen zur Veranschaulichung der sozialen Verstädterung. Ferner gelten die Pendlerbewegungen als Indikator. Hierzu zählt erstens die

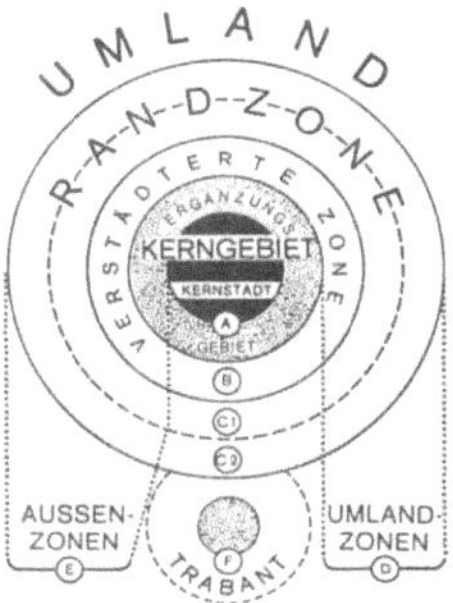

Quelle: Heineberg 2000, S.57; aus: Boustedt 1970

Größe der Pendlerbewegungen im Kerngebiet, um den Grad der Verflechtungsintensität zwischen Umland und Kerngebiet deutlich zu machen. Hinzu zählt außerdem die absolute Anzahl der Einpendler zur Kennzeichnung der Kernbereiche (vgl. ebd., S.12).

So ergeben sich verschiedene Umlandzonen: Die um das Kerngebiet gelegene Zone wird in dem Modell als verstädterte Zone bezeichnet. Die Siedlungsstruktur ist hier nicht mehr so dicht wie im Kerngebiet, die Erwerbsstruktur ist hingegen noch sehr gewerblich ausgerichtet und weist eine hohe Pendlerverflechtung mit dem Kerngebiet auf (vgl. Heineberg 2000, S.55). Als nächstes folgt die Randzone, welche durch eine Zunahme der in der Landwirtschaft tätigen Erwerbspersonen charakterisiert ist. Der Pendlerverkehr ist zwar noch vorwiegend auf das Kerngebiet gerichtet, im Vergleich zur verstädterten Zone ist dieser jedoch geringer (vgl. Tempel 1993, S.13f.; Heineberg 2000, S.55ff.).

Weiterhin zeigt das Modell die sogenannten Trabanten, welche außerhalb der Stadtregionen liegen. Sie sind monofunktional, das heißt, dass sie lediglich Einzelhandelsgeschäfte mit Waren für de täglichen Bedarf sowie einige wenige andere Einrichtungen besitzen (vgl. Hofmeister 1997, S. 77).

Nach diesem Modell ergeben sich kreisförmig um die Kernstadt angelegte Umlandzonen, welche jeweils eine unterschiedliche Verflechtungsintensität mit der Kernstadt besitzen. Auch hier muss der Charakter des Modells noch einmal betont werden, da diese kreisförmige Anordnung nicht der Wirklichkeit entsprechen muss. So spielen in der Realität nicht nur die Entfernung zur Stadt, sondern auch Aspekte wie die Erreichbarkeit über Autobahnen eine Rolle.

3. Stadt-Umland-Beziehungen am Beispiel Bremen

3.1 Lage und Größe

Die Freie Hansestadt Bremen bildet zusammen mit der Seestadt Bremerhaven einen zwei Städte-Staat, welcher im Jahr 1947 gegründet wurde und das kleinste Bundesland Deutschlands bildet. Bremen liegt im Norddeutschen Tiefland nahe der Nordsee. Durch die Stadt Bremen fließt des Weiteren die Weser mit einer Länge von 41,7 Kilometer.

An den Stellen der größten Längen- und Breitenstreckung beträgt die Länge Bremens 38 Kilometer und die Breite 16 Kilometer. Somit umfasst Bremen mit seinen 23 Stadtteilen eine Fläche von 32.546 Hektar, auf welchen 547.360 Einwohner leben (Quelle: Statistisches Landesamt Bremen, Stand 2009).

3.2 Entwicklungen in der Region Bremen

Dieser Teil der Hausarbeit soll darstellen, welche Entwicklungen sich in der Region Bremen im Zuge der Suburbanisierung vollzogen haben. Wenn hierbei von der Region Bremen gesprochen wird, meint dies die Kernstadt Bremen und sein Umland. Die Eingrenzung des Umlandes bezieht sich auf die in den verwendeten Quellen sowie auch vom Statistischen Landesamt Bremen vorgenommene Abgrenzung. Demnach zählen diejenigen Gemeinden zum Bremer Umland, welche vom Zentrum, also vom Marktplatz der Stadt Bremen, nicht mehr als 30 Kilometer Luftlinie entfernt liegen. Eine Karte der Region Bremen befindet sich im Anhang (S.I). Wenn in der folgenden Ausführung von Bremen die Rede ist, meint dies immer die Kernstadt Bremen.

3.2.1 Suburbanisierung der Bevölkerung

Wie unter Punkt 2.2 bereits beschrieben wurde, ging mit der Industrialisierung eine Verstädterung einher. Diese Phase der Urbanisierung vollzog sich ebenfalls in der Region Bremen und führte von 1950 bis 1961 zu einer Expansion der Kernstadt von 444.549 auf 564.517 Einwohner sowie einer Bevölkerungsabnahme von 406.444 auf 374.404 Einwohner im Umland Bremens (vgl. Bahrenberg / Priebs o.A., S.5).

Im darauffolgenden Jahrzehnt setzte in Bremen gleichzeitig mit der Urbanisierungsphase auch die Suburbanisierung ein. Das heißt, dass sowohl Bremen als auch sein Umland an Bevölkerung gewonnen haben. Ab 1963 verzeichnete allerdings das Umland eine größere Bevölkerungszunahme als die Kernstadt Bremen (vgl. ebd., S.5; zitiert nach Schnurr 1983), sodass die Bevölkerungszahl des Umlandes bis 1970 um 41.547 Einwohner ansteigt, während Bremen hingegen nur einen Zuwachs von 29.524 Einwohnern bis zum Jahre 1971 zu verzeichnen hatte (vgl. ebd., S.5). Erklären lässt sich dies aufgrund der, mit der positiven wirtschaftlichen Entwicklung einhergehenden, gestiegenen Einkommen, was wiederum vielen Einwohnern die Anschaffung eines PKWs ermöglichte. So konnten längere Arbeitswege bewältigt und der Wunsch nach einem Heim auf dem Lande realisiert werden (vgl. Bahrenberg 1999, S.248).

Die Situation änderte sich Anfang der 1970er-Jahre, in denen eine Stagnation der Region Bremen vorherrschte, welche durch eine Abnahme der Bevölkerung in der Kernstadt und eine Zunahme der Bevölkerung im Umland gekennzeichnet war (s. Abb. 2), sodass für diesen Zeitraum von einer ausschließlichen Suburbanisierung der Bremer Bevölkerung gesprochen werden kann. Zusammen hing diese Entwicklung vor allem mit einer Abnahme des wirtschaftlichen Wachstums insbesondere in der Industrie Bremens, was in der ersten Hälfte der 1980er-Jahre zu einer Bevölkerungsschrumpfung der Kernstadt Bremen führte, während das Umland weiterhin an Bevölkerung zunahm (vgl. ebd., S.248).

Abbildung 2: Bevölkerungsentwicklung der Stadt Bremen und des Umlandes 1970-11997

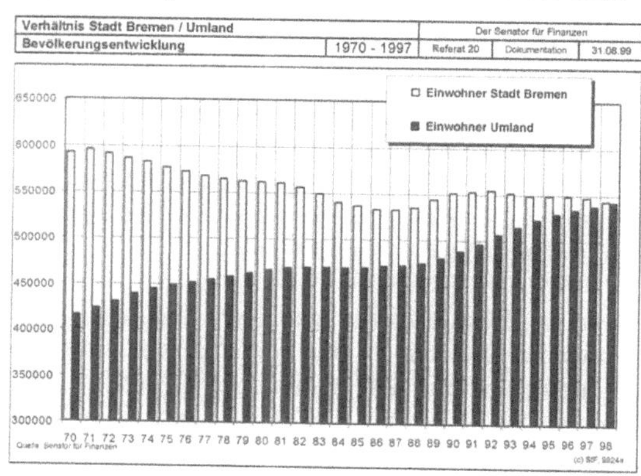

Quelle: (vgl. o.A. 1999 S.3)

Wie Abbildung 2 zeigt, verzeichnet Bremen lediglich in dem Zeitraum von 1988 bis 1992 einen leichten Bevölkerungsanstieg, welche aus Zuwanderungen aus Ostdeutschland und aus dem Ausland resultieren (vgl. o.A., S.3).

Betrachtet man nun über die allgemeine Bevölkerungsentwicklung hinaus die konkreten Wanderungen zwischen Bremen und seinem Umland, zeigt sich, dass seit 1965 die Fortzüge in das Umland kontinuierlich höher liegen als die Zuzüge aus dem Umland. Auch wenn die Fortzüge in den 1980er-Jahren sanken, verlor die Kernstadt von 1978 bis 1994 pro Jahr etwa 2.500 Einwohner an das Umland. Anfang der 1990er-Jahre befanden sich die Umlandswanderungsverluste Bremens schließlich wieder auf der gleichen Höhe wie Ende der 1970er-Jahre (vgl. Bahrenberg 1999, S.249ff.). Insgesamt verzeichnete die Stadt Bremen von 1978 bis 1990 66.887 Zuzüge aus dem Umland und 95.482 Fortzüge in das Umland (vgl. Bahrenberg / Priebs o.A., S.6). In den letzten Jahren hatte die Kernstadt weiterhin mehr Fortzüge als Zuzüge. Die Zahlen der Zuzüge unterlag permanenten Schwankungen, dabei sind diese in der Zeit von 2000 bis 2008 leicht angestiegen: Im Jahr 2000 beträgt die Zahl der Zuzüge 5.442, im Jahr 2008 beträgt diese 5.522. Die Zahlen der Fortzüge hat hingegen abgenommen: 2000 zogen 8.195 Menschen von der Stadt in das Umland, 2008 sind es nur noch 6.154 (Quelle: Statistisches Landesamt Bremen).

Zum Abschluss kann gesagt werden, dass die Kernstadt Bremen im Verlauf der Suburbanisierung Einwohner an das Umland verloren hat und bereits seit 1965 ein negatives Wanderungssaldo mit dem Umland aufweist. Dabei waren vor allem die Umlandgemeinden begünstigt, welche eine gute Erreichbarkeit zum Bremer Arbeitsmarkt haben. Dazu zählen Stuhr, Weyhe, Achim, Oyten und Delmenhorst, welche sich zum sogenannten Speckgürtel entwickelt haben (vgl. Bahrenberg / Priebs o.A., S.12).

3.2.2 Wirtschaftliche Entwicklungen

Die oben dargestellte Suburbanisierung der Bevölkerung zog, wenn auch zeitlich verzögert, Veränderungen der wirtschaftlichen Strukturen der Region Bremens nach sich. Als logische Konsequenz des Bevölkerungsanstiegs des Bremer Umlandes, siedelten sich ab Mitte der 1960er-Jahre diverse Verbrauchermärkte im Umland an, wohingegen der Einzelhandel in der Kernstadt Bremens aufgrund der steigenden Konkurrenz im Umland eine starke Abnahme erfuhr. Von 1968 bis 1985 sank die Anzahl der Arbeitsstätten im Einzelhandel der Stadt Bremen von 5.378 auf 3.935 um 15.7% Auch die Einkaufszentralität der Kernstadt ging zurück: Anfang der 1980er-Jahre ergab eine Untersuchung, dass das Bremer Zentrum lediglich noch für Waren wie Textilien und exklusive Waren der Haupteinkaufsort der Region sei (vgl. Tempel 1993, S.36ff.).

Doch nicht nur im Einzelhandel, sondern auch Unternehmen in den Bereichen Verkehr und Nachrichtenübermittlung sowie produzierendes Gewerbe und hochwertige Dienstleistungen siedelten sich im Umland an. Folglich ist das Bremer Umland nicht nur für große und günstige Flächen benötigendes Gewerbe sondern auch für vergleichsweise wenig Fläche benötigende Büroarbeitsplätze attraktiv geworden. Dies hängt laut Bahrenberg mit einer „verfehlten Bremer Wirtschaftspolitik, die lange Zeit einseitig auf die Förderung von Großbetrieben ausgerichtet war" (Quelle Bahrenberg 1999, S.254), zusammen. Wirtschaftlich hatte die Stadt Bremen jedoch auch Erfolge zu verzeichnen, welche beispielsweise durch die „Industriepolitik, die Leder-, Textil- und Bekleidungsindustrie, die Energiewirtschaft und Wasserversorgung sowie die Gebietskörperschaften" (Quelle ebd., S.254) begünstigt wurden. Mit der Ansiedlung von Mercedes Benz Anfang der 1980er-Jahre wies Bremen auch im Stahl-, Maschinen- und Fahrzeugbau positive Entwicklungen auf. Trotzdem war die Anzahl der Beschäftigten in diesem Zeitraum in Bremen rückläufig, sie ging von 1970 bis 1987 von 315.245 auf 291.281 Beschäftigte zurück. Im Umland nahm sie hingegen im gleichen Zeitraum von 110.354 auf 143.278 Beschäftigte zu (Quelle ebd., S.255).

„In den Pendlerbeziehungen [der Beschäftigten] kommen die engen wirtschaftlichen Verflechtungen [zwischen Bremen und seinem Umland] zum Ausdruck" (Mose 1999, S.7). Von 1970 bis 1987 stieg die Zahl der Berufspendler nach Bremen aus dem Umland von 42.162 auf 66.181 an, die Zahl der Auspendler aus Bremen stieg hingegen lediglich von 6.246 auf 16.298 Berufspendler an (vgl. Bahrenberg / Priebs o.A., S.21). Auch in den letzten Jahren lag die Zahl der Einpendler nach Bremen aus dem Umland noch höher als die Zahl der Auspendler in das Umland. In der Zeit von 2000 bis 2006 pendelten 66.020 Menschen aus dem Umland in die Kernstadt Bremen, während 14.969 Menschen aus der Kernstadt in das Umland pendelten. Betrachtet man dabei die Zahlen der Ein- und Auspendler der einzelnen Gemeinden, fällt auf, dass die Gemeinden mit Nähe und guter Erreichbarkeit der Kernstadt die größten Einpendlerzahlen in diese aufweisen. Die drei Gemeinden mit der höchsten Einpendlerzahl nach Bremen sind Weyhe, Stuhr und Delmenhorst. Dabei hat Delmenhorst mit 8.721 Einpendlern nach Bremen die mit Abstand größte Einpendlerzahl, was sicherlich mit ihrer guten Erreichbarkeit über die B75 zusammenhängt (vgl. ebd., S.12). Dötlingen, Elsfleth und Hatten verzeichneten hingegen mit 215, 146 und 249 Einpendlern nach Bremen die geringsten Einpendlerzahlen, was sich aufgrund der Konkurrenz zu dem im Westen gelegenen Oldenburgs erklären lässt (vgl. ebd., S.24). Passend dazu weisen diese drei Gemeinden auch die kleinsten Auspendlerzahlen aus der Kernstadt auf.

Zusammenfassend kann festgehalten werden, dass die Kernstadt Bremen immer noch der führende Arbeitsstandort der Region ist, die Entwicklung jedoch zeigt, dass eine Angleichung der Kernstadt und des Umlandes Bremens stattfindet, wobei die Umlandgemeinden wirtschaftlich immer unabhängiger werden (vgl. Bahrenberg 1999, S.255f.).

3.3 Probleme für die Kernstadt

Aus den dargestellten Entwicklungen, welche sich im Zuge der Suburbanisierung in der Region Bremen vollzogen haben, ergeben sich einige, vor allem finanzielle, Schwierigkeiten für die Kernstadt.

Sei Anfang der 1970er-Jahre bis zum Jahr 1999 hat die Kernstadt Bremen etwa 90.000 Einwohner „an das niedersächsische Umland verloren" (Quelle: Senatspressestelle Bremen 1999). Da der Umzug in das Umland häufig auch mit einem Wunsch nach dem Errichten eines Eigenheims verbunden ist, sind vor allem steuerkräftige Einwohner aus Bremen abgewandert. Dies führte dazu, dass in der Zeit von 1990 bis 1998 das Steuerwachstum im Umland mit 41 Prozent Zuwachs fast doppelt so hoch war als der Zuwachs von 23 Prozent in der Stadt. Die Bevölkerungssuburbanisierung hat für Bremen nun eine besondere Bedeutung, da Bremens Stadtgrenzen gleichzeitig auch Staatsgrenzen sind. So nimmt ein Erwerbstätiger den Gemeindeanteil sowie den Länderanteil an der Lohnsteuer sozusagen mit in das Umland und somit auch in das Bundesland Niedersachsen (Quelle Bahrenberg 1999, S.261). So konnte das Umland und auch Niedersachsen insgesamt „massiv von der Stadt Bremen profitieren und hohe Steuergewinner erzielen" (Quelle: Senatspressestelle Bremen 1999).

Hinzu kommt, dass die Kernstadt erheblichen Kosten für die Infrastruktur aufbringen muss. Dies hängt zum einen damit zusammen, dass Bremen eine höhere Arbeitslosenzahl aufweist als das Umland. 1998 lag der Anteil der Arbeitslosen an den sozialversicherungspflichtigen Beschäftigten in der Kernstadt bei 17,2 Prozent, im Umland hingegen nur bei 11,3 Prozent. Zum anderen stellt die Bereitstellung von Arbeitsplätzen einen weiteren Kostenfaktor dar. Wie anhand der oben aufgezeigten Pendlerbeziehungen deutlich wurde, sind Bremen und sein Umland wirtschaftlich eng miteinander verbunden. „Rund 40 Prozent ihrer Arbeitskräfte stellt die Stadt Bremen für niedersächsische Einpendler zur Verfügung" (Quelle: ebd. 1999). So ergeben sich für die Kernstadt Bremen hohe Kosten, während Niedersachsen Erwerbs- und Vermögenseinkommen zukommt, welches in Bremen erwirtschaftet wurde (vgl. ebd. 1999). Doch nicht nur wirtschaftlich bringen die Pendlerbeziehungen mit dem Umland Nachteile für die Kernstadt. Nicht zu vergessen ist die enorme Verkehrsbelastung für Bremen.

Auch wenn die im Zuge der Suburbanisierung entstandene Ungleichheiten zwischen der Kernstadt Bremen und seinem Umland nicht abzustreiten sind, muss auch erwähnt werden, dass Bremen durchaus noch Flächen zur Verfügung hat, welche als Bauland genutzt werden könnten , um der Suburbanisierung entgegenzuwirken. Die Kernstadt Bremen weist eine sehr geringe Verdichtung auf, welche beispielsweise weniger als halb so groß ist wie in Hannover (vgl. Bahrenberg 1999, S.259). Dies lässt sich darauf zurückführen, dass in den 1960er-Jahren noch mit einem größeren Bevölkerungsanstieg gerechnet wurde, welcher jedoch ausblieb. So entstanden zwar viele Naherholungsgebiete, allerdings könnten auf diesen Flächen heute etwa 300.000 Menschen leben (vgl. ebd., S.260). Laut Bahrenberg ist jedoch „die Bereitschaft, aktiv gegen die Suburbanisierung anzugehen, indem man etwa suburbanes Wohnen und Arbeiten auf der städtischen Fläche massiv förderte, nur vergleichsweise gering ausgeprägt" (Quelle: ebd., S.260). Grund hierfür könnte unter anderem der Länderfinanzausgleich sein, welcher der Stadt Bremen 85 Prozent der durch die Suburbanisierung entstandenen Verluste zurückzahlt. Letztlich bleibt jedoch zu bedenken, dass eine „großzügige Neubautätigkeit in Bremen [...] den Trend zur Suburbanisierung nur abschwächen, nicht jedoch wenden [könnte]" (Quelle: Bahrenberg / Priebs o.A., S.9).

4. Umsetzung des Themas Stadt und Umland im Geographieunterricht

Nachdem die vorrangegangenen beiden Teile der Hausarbeit das Thema Stadt und Umland auf theoretischer Grundlage dargestellt wurde, soll dieser Teil eine Möglichkeit der Umsetzung des Themas im Geographieunterricht präsentieren. Das Unterrichtsbeispiel bezieht sich innerhalb einer Unterrichtseinheit zum Thema Stadt und Umland auf die Pendlerbeziehungen zwischen den beiden Gebieten. Dabei soll eine Diskussion darüber geführt werden, welche Vor- und Nachteile das Leben im Umland speziell mit den verbundenen Pendlerbeziehungen mit sich bringt. Anzusiedeln ist das Beispiel in einer siebten oder achten Klasse am Ende der Unterrichtseinheit. Vorher sollten die veränderten Infrastrukturen in Stadt und Umland, wie die Ansiedlung von Gewerbe im Umland, thematisiert worden sein. Im Rahmen des Themas sollten auch die Daseinsgrundfunktionen, also die Ansprüche, welche an den Lebensraum gestellt werden, besprochen worden sein, um eine Grundlage für das Verständnis von Pendlerbewegungen zu haben.

4.1 Didaktische Überlegungen

Bei der Umsetzung des Themas Stadt und Umland im Geographieunterricht sollten die Pendlerbeziehungen einen wichtigen Teil der Unterrichtseinheit ausmachen, da dieser die Verflechtung zwischen den beiden Gebieten sehr gut veranschaulicht. Des Weiteren knüpft diese Thematik an die Lebenswelt vieler Kinder an. Für einen großen Teil der Schülerinnen und Schüler gehört es heutzutage zum Alltag, längere Strecken mit dem Bus oder sogar mit der Bahn zurückzulegen, um beispielsweise ihre Schule zu erreichen. Dies zeigt, dass bereits die Lebenswelt der Kinder mehr und mehr erweitert wird und Mobilität dadurch schon bei Kindern ein großer Stellenwert zugeschrieben wird. „Aufgabe des Erdkundeunterrichts ist es [nun], die Schülerinnen und Schüler zu befähigen, verschiedene Facetten von Mobilität zu beschreiben und kritisch zu bewerten" (Quelle: Kerncurriculum 2008, S.8).

Die im nächsten Punkt beschriebene methodische Umsetzung spricht darüber hinaus zwei der fünf Kompetenzbereiche des niedersächsischen Kerncurriculums für die Realschule an, nämlich den Kompetenzbereich Kommunikation sowie den Kompetenzbereich Beurteilung und Bewertung. Der Kompetenzbereich Kommunikation hat in der Geographie besondere Wichtigkeit, da „geographische Inhalte und Probleme auf zielbezogene Kommunikation angewiesen sind" (Quelle: ebd., S.13). Argumentieren zu lernen, wobei sich auch in andere Meinungen hineinversetzt werden und diese schließlich respektiert werden sollen, zählt unter anderem zum Kompetenzbereich Kommunikation (vgl. ebd., S.13). Eine Diskussion fördert die Schülerinnen und Schüler in diesem Bereich ganz besonders. Außerdem kann durch eine vorher abgesprochene Zuteilung der Standpunkte Pro und Contra, ein gezielter Perspektivenwechsel der Schülerinnen und Schüler vorgenommen werden. „Durch diese reflektierte Auseinandersetzung wird der eigene Meinungsbildungsprozess begünstigt" (Quelle: ebd., S.8).

In Bezug auf den Kompetenzbereich „Beurteilung und Bewertung" sollen die Schülerinnen und Schüler lernen, „raumbezogene Situationen und Probleme zu beurteilen sowie Einstellungen, Maßnahmen und Entscheidungen zu bewerten" (Quelle: ebd., S.13). Da die Diskussion nicht unausgewertet bleiben sollte, wird dieses Kriterium ebenfalls erfüllt. Für das Ende der Klasse acht ist im Kerncurriculum außerdem vorgesehen, dass die Schülerinnen und Schüler verschiedene Ansichten zu geografischen Fragestellungen vergleichen können (vgl. ebd., S.19). Diese Auswertung der Diskussion soll anhand fachspezifischer Kriterien wie beispielsweise sozialgeographischer und wirtschaftlicher Kriterien, aber auch anhand allgemeiner Kriterien durchgeführt werden (vgl. DGfG 2007, S.23f.).

Zusammenfassend bedeutet dies, dass die Schülerinnen und Schüler anhand dieser Umsetzungsmöglichkeit zum einen ihr fachliches Wissen erweitern. Sie sollen anhand der Pendlerbeziehungen erkennen, dass Stadt und Umland miteinander verflochten sind. Mit Augenmerk darauf, sollen sie Gründe für das Wohnen im Umland und das damit verbundene Pendeln zum Arbeitsort benennen. Die damit einhergehenden Nachteile sollen dargelegt werden. Zum anderen sollen die Kompetenzen im Bereich Kommunikation sowie Beurteilung und Bewertung erweitert werden. Dabei sollen die Schülerinnen und Schüler miteinander diskutieren, wobei sie ihre Argumente sprachlich angemessen vorbringen sollen.

Anschließend sollen die Schülerinnen und Schüler diese Argumente nach ihrer Angemessenheit beurteilen und nach fachlichen sowie persönlichen Kriterien bewerten.

4.2 Methodische Überlegungen

Als Grundlage für die Diskussion dienen den Schülerinnen und Schülern Texte (s. Anhang, S.II u. III). Zum Bearbeiten dieser Texte sollte die Klasse in zwei Gruppen eingeteilt werden. Eine Gruppe beschäftigt sich mit den Texten, welche die Nachteile aufzeigen (Text 1 und 2, s. Anhang S.II), während sich die andere Gruppe den Text bearbeitet, welcher die Vorteile aufzeigt (Text 3, s. Anhang S.III). Mit dieser Zuteilung wird der oben beschrieben Perspektivenwechsel vorgenommen.

Anschließend sollten sich die Gruppen in einem Sitzkreis oder zwei Sitzreihen möglichst gegenüber sitzen. Mit Hilfe des Textes als Basis, können die Schülerinnen und Schüler nun die Diskussion führen. Dabei sollte das Diskussionsthema „Das Leben der Pendler im Umland – Traum oder Albtraum?" vorher besprochen und für alle visualisiert werden, zum Beispiel an der Tafel. Selbstverständlich können in der Diskussion auch eigene Argumente angeführt werden. Des Weiteren sollte es einen Protokollanten geben, welcher die Argumente für alle sichtbar festhält, beispielsweise auf einem Plakat oder an der Tafel. So kann im Anschluss an die Diskussion eine Bewertung und Beurteilung der Argumente stattfinden, woraufhin auch nach möglichen Lösungsansätzen gefragt werden kann.

Als Variante zu dieser Form der Diskussion innerhalb der ganzen Klasse, kann diese auch in Gruppenarbeit durchgeführt werden. In einer Gruppe von sieben Schülerinnen und Schülern, können sich die Schüler in diesem Fall in alle Texte einlesen. Daraufhin wird jedem Kind ein ganz bestimmter Standpunkt für die Diskussion zugeteilt. Dies kann methodisch so umgesetzt werden, dass jedes Kind aus einem Behältnis oder Ähnlichem einen Karte oder einen Zettel zieht, auf welchem die jeweilige Position, welche die Schülerin/der Schüler in der späteren Diskussion einnehmen soll, beschrieben ist. Um das Ganze etwas ansprechender zu gestalten, könnte jede Position als sogenannter „Denkhut" dargestellt werden: Der „weiße Hut" beispielsweise betrachtet die Diskussion unter wissenschaftlichem Standpunkt und schaut besonders nach Fakten, die helfen können, den Sachverhalt besser zu verstehen (vgl. Uhlenwinkel 2007, S.15). Eine Auswahl möglicher „Denkhüte" befindet sich im Anhang (s. Anhang S.IV.). Wichtig ist, dass die Argumente der Gruppendiskussion protokolliert werden, um sie hinterher der Klasse vorzugetragen und um sie gemeinsam auszuwerten

5.Fazit

Die eingehende Beschäftigung mit dem Thema Stadt und Umland hat deutlich gezeigt, wie vielfältig diese Thematik ist. Bereits bei dem Versuch, Stadt zu definieren, wurde erkennbar, dass dies nicht ohne Weiteres möglich ist, da es viele verschieden Ansätze dazu gibt, was man unter einer Stadt versteht. Betrachtet man nun den geographischen Stadtbegriff, werden auch hier viele verschiedene Aspekte betrachtet, welche sich räumlich und zeitlich verändern.

Auch der Prozess der Suburbanisierung stellt die Wandelbarkeit von Städten wie auch der ländlichen Räumen heraus. So entwickelten sich Stadt und Land innerhalb der letzten Jahrzehnte verstärkt zu einem voneinander abhängigen Verflechtungsraum, wobei der ländliche Raum mehr und mehr städtisch geprägt ist, etwa durch die städtische Bevölkerung oder die veränderte Infrastruktur.

Dass dieser Prozess auch mit Problemen behaftet ist, konnte am Beispiel Bremens gesehen werden. Bremen steht beispielhaft für eine Region, in welcher sich Stadt und Umland im Prozess der Suburbanisierung zu einem Verflechtungsraum entwickelt haben. Hinsichtlich der oben genannten Probleme, die sich daraus für die Stadt Bremen ergaben, darf nicht vergessen werden, dass auch das Leben auf dem Land, häufig verbunden mit einem Eigenheim im Grünen, seine Nachteile hat. Lange Arbeitswege, zunehmende Verkehrsbelastungen und Verdichtungen auch in diesem Raum seien beispielhaft genannt. Bei der Auseinandersetzung mit den Problemen für die Kernstadt Bremen ist außerdem aufgefallen, dass in den unterschiedlichen Quellen verschieden Sichtweisen vertreten werden. So wird in Quellen, dessen Verfasser die Kernstadt vertreten, die Stadt Bremen als „Verlierer" und Benachteiligter der Suburbanisierung gesehen von dem das Umland profitiert. Im Gegensatz dazu gibt Bahrenberg beispielsweise zu bedenken, dass die Kernstadt selbst nicht genug dafür tut, gegen diesen Prozess etwas zu unternehmen, da Bremen noch genug Wohnfläche zur Verfügung stände. Stadt-Umland-Beziehungen sind somit ein kontrovers diskutiertes Thema. Daraus resultiert ein wichtiger Gedanke, der bei der Umsetzung des Themas im Geographieunterricht berücksichtigt werden sollte: Sachverhalte sollten stets aus verschiedenen Blickwinkeln betrachtet werden, um den Aufbau einer verengte einseitige Sichtweise bei den Schülerinnen und Schülern zu vermeiden. Deshalb entschied ich mich bei dem Umsetzungsbeispiel für eine Diskussion über Vor- und Nachteile des Lebens im Umland und den damit verbundenen Pendlerbeziehungen. Auf der Grundlage der Diskussion und den gezielt vorgenommenen Perspektivenwechsel wird es möglich, dass Schülerinnen und Schüler gleichzeitig Beweggründe für das Leben auf dem Land, aber auch die damit verbundenen Nachteile , mit vertiefenden Blick auf die Pendlerbewegungen, erkennen.

6. Literaturverzeichnis

Bähr, J. / Jürgens, U. (2005): Stadtgeographie 2. Regionale Stadtgeographie. Braunschweig.

Bahrenberg, G. (1999): Bremen: Stadt – Stadtregion – Regionalstadt. In: Berichte zur deutschen Landeskunde (Bd.73, H.2/3), S.245-267.

Bahrenberg, G. / Priebs A. (o.A.): Bremen und sein Umland – Eine schwierige Beziehung. Beiträge zu einer Bremen-Monographie;7. Bremen.

Brake, K. (2001): Neue Akzente der Suburbanisierung. Suburbaner Raum und Kernstadt: eigene Profile und neuer Verbund. In: K. Brake / J. Dangschat / G. Herfert (Hrsg.): Suburbanisierung in Deutschland. Aktuelle Tendenzen. Opladen, S.15-26.

Deutsche Gesellschaft für Geographie (DGfG) (Hrsg.) (2007): Bildungsstandards im Fach Geographie für den Mittleren Schulabschluss – mit Aufgabenbeispielen. 3.durchgesehene und erweiterte Auflage. Verfügbar unter:
http://www.geographie.de/docs/geographie_bildungsstandards_aufg.pdf [30.07.2009]

Heineberg, H. (2000): Grundriß Allgemeine Geographie: Stadtgeographie. Paderborn.

Hofmeister, Burkhard (1997): Stadtgeographie. Braunschweig.

Lichtenberger, E. (1986): Stadtgeographie. Band 1. Begriffe, Konzepte, Modelle, Prozesse. Stuttgart.

Mose, Ingo (1999): Stuhr – Wandlung einer Gemeinde im Sog der Suburbanisierung. In: Praxis Geographie (Heft 5), S.6-10.

Niedersächsisches Kultusminesterium (2008): Kerncurriculum für die Realschule. Schuljahrgänge 5-10. Erdkunde. Verfügbar unter:
http://www.nibis.de/nli1/gohrgs/kerncurricula_nibis/kc_2008/kc_08_rs/Microsoft%20Word%20-%20KC-EK-RS-Internet%20030708(1).pdf [30.07.2009]

Oehlmann, Regina (1978): Das Pendlerproblem der Großstädte. Eine Unterrichtsreihe für die Sekundarstufe 1. In: Beiheft Geographische Rundschau, 8. Jahrgang (Heft1), .9-16.

Senatspressestelle Bremen (1999): Bürgermeister Perschau stellt Studie zu Bremens Stadt-Umland-Beziehung vor. Verfügbar unter:
http://www.senatspressestelle.bremen.de/detail.php?id=11205 [04.07.2009]

Statistisches Landesamt Bremen (2009): Bremen in Zahlen 2009. Verfügbar unter:
http://www.statistik.bremen.de/sixcms/media.php/13/biz2009.pdf [30.07.2009]

Tempel, Günter (1993): Die Stadt als Einkaufsort für die Bevölkerung im städtischen Umland. Eine Untersuchung von Einkaufsorientierungen in einer Umlandgemeinde der Region Bremen. Bremen.

Uhlenwinkel, Anke (2007): Konzepte erkennen lernen. In: Praxis Geographie, 37. Jahrgang (Heft 7-8), S.12- 15.

O.A. (1999): Stadtregion Bremen. Die Stadt Bremen und ihr Umland. Verfügbar unter:
http://finanzen.bremen.de/sixcms/media.php/13/FBB9904.pdf [02.07.2009]

7 Anhang

Region Bremen

Abbildung 3: Die Region Bremen

Quelle: Bahrenberg / Priebs o.A., S.4

Text 1

<u>Rush-hour - Stoßzeiten des Verkehrs</u>

Zweimal am Tag erleben unsere Städte ein Verkehrschaos. Dann sind die Straßen verstopft, die Autoschlangen bewegen sich nur schubweise vorwärts. Abgase verpesten die Luft. Der Motorenlärm schadet dazu der Gesundheit. Überall gibt es Verkehrsengpässe. Da gibt es Straßen, die alle 200m eine Ampel haben. Natürlich stehen sie meistens auf Rot. Autofahrer in Stoßzeiten müssen viel Zeit und Geduld haben, aber wer hat das schon in unserer überhasteten Zeit? In solchen Stoßzeiten häufen sich die Verkehrsunfälle. Ungeduld, Unaufmerksamkeit, zu wenig Rücksichtnahme sind oft Ursachen für die Unfälle.

Quelle: verändert nach: Oehlmann 1978, S.14

Text 2

<u>Ihr Arbeitstag hat 14 Stunden – Die Sorgen und Nöte der Pendler</u>

Karl Körber ist 50 Jahre alt, von Beruf Schlosser und arbeitet in einer Maschinenfabrik in Hamburg. Sein Wohnort liegt etwa 40 km entfernt von seiner Arbeitsstätte, zu der er mit dem Bus und der Straßenbahn kommt. Für Karl Körber beginnt der Tag dann, wenn die Mehrzahl der Bundesbürger noch friedlich schlummert: um 4 Uhr morgens. „Spätestens um 5 Uhr in der früh", so Körber, „muss ich mich auf die Socken machen. Und wieder zu Hause bin ich erst so gegen 7 Uhr abends. Im Winter, da kann's natürlich länger dauern, bei Glatteis und Schneeverwehungen und so." Mindestens 14 Stunden also ist der Arbeitstag Karl Körbers. Knapp 4 Stunden braucht er allein für seinen Arbeitsweg. Von den zusätzlichen Belastungen durch den weiten Arbeitsweg wissen die meisten Pendler ein Lied zu singen. Privat- und Familienleben finden für viele von ihnen kaum noch statt. „Familienleben?", Karl Körber, der verheiratet ist und bei dem noch seine 17-jährige Tochter wohnt, schüttelt mit dem Kopf: „Also, in der Woche ist das für mich ein Fremdwort. Und am Wochenende bleibt auch nicht viel Zeit für die Familie oder um sich zu erholen. Da muss ich allen möglichen Kleinkram im Haus oder im Garten machen, damit nicht alles vergammelt.

Aber die Zusatzbelastungen, denen die Pendler ausgesetzt sind, wirken sich nicht nur auf das Privatleben aus. Sie machen sich auch im Betrieb bemerkbar – oft auf eine sehr gefährliche Art und Weise. Denn bei Pendlern, die aufgrund ihres langen Arbeitsweges nicht selten besonders übermüdet und ausgepumpt sind, kommen Arbeitsunfälle häufiger vor als bei anderen Arbeitnehmern.

Quelle: verändert nach: Oehlmann 1978, S.14

Text 3

„Unser Traum vom Eigenheim im Grünen“

Max Müller ist 40 Jahre alt und lebt mit seiner Familie seit 10 Jahren in einer Gemeinde im Umland, etwa 30 Kilometer von seiner Arbeitsstelle in der Stadt entfernt. Früher wohnten sie in einer Mietswohnung in der Stadt, als Herr Müller und seine Frau dann jedoch ihr zweites Kind erwarteten, wurde der Platz in der Wohnung langsam eng. „Wir hatten damals schon lange von einem eigenen Heim geträumt. Eins mit Garten, in dem die Kinder spielen können“, so Max Müller. Da die Preise für ein Haus in der Stadt jedoch zu teuer für Familie Müller waren, schauten sie sich im Umland um. „Wir waren sofort begeistert von dem Haus mit dem großen Garten“, berichtet Herr Müller, „und der Preis stimmte auch.“
Über den weiten Arbeitsweg, welchen Max Müller dann täglich zurücklegen muss, war er sich von Anfang an bewusst. „Erst war es schon eine Umstellung, aber ich habe mich daran gewöhnt. Dafür habe ich am Wochenende hier viel bessere Gelegenheiten, um mich zu erholen“, erzählt Max Müller. Auch die Kinder der Familie Müller müssen nun täglich 20 Minuten zur Schule fahren, da sie jetzt auf eine Realschule gehen, die in einer der Nachbargemeinde liegt. Aber auch für sie ist das kein Grund, das Leben auf dem Land nicht zu mögen. „Hier können die Kinder genauso gut, wenn nicht noch besser, ihren Hobbies, Reiten und Fußball, nachgehen wie in der Stadt“, sagt Max Müller. Auch ansonsten fehle es der Familie an nichts. Vor einiger Zeit hat erst ein neues Einkaufszentrum ganz in der Nähe aufgemacht, wo die Familie alles erledigen kann.

Denkhüte

Der weiße Hut ist der Wissenschaft verplichtet. Er fragt nach Fakten, die helfen können, Gründe für die Pendlerbewegungen besser zu verstehen.

Der rote Hut steht für Empfindungen. Für ihn sind die unterschiedlichen Empfindungen der Menschen, die im Umland Leben und jeden Tag zu ihrer Arbeit pendeln, von Bedeutung.

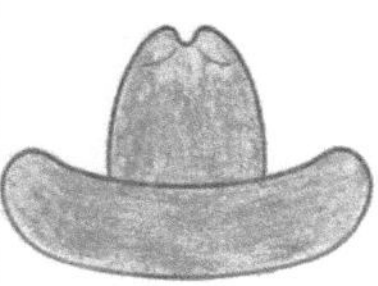

Der grüne Hut ist für kreative Ideen zuständig. Er sucht nach machbaren Lösungen für die Probleme, welche die Pendlerbewegungen mit sich bringen

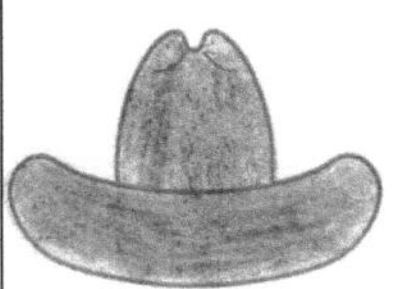

Der blaue Hut ist der Organisator unter den Hüten. Er überlegt, wie man die gemachten Entscheidungen umsetzten kann.

Der gelbe Hut beschäftigt sich mit den positiven Aspekten einer Sache. Er sucht nach den Vorteilen und dem Nutzen des Lebens im Umland und versucht diese zu begründen.

Der schwarze Hut ist das Gegenteil vom Gelben Hut. Er sieht überall Gefahren, Schwierigigkeiten und Probleme.

Quelle: verändert nach Uhlenwinkel 2007, S.15

BEI GRIN MACHT SICH IHR WISSEN BEZAHLT

- Wir veröffentlichen Ihre Hausarbeit, Bachelor- und Masterarbeit

- Ihr eigenes eBook und Buch - weltweit in allen wichtigen Shops

- Verdienen Sie an jedem Verkauf

Jetzt bei www.GRIN.com hochladen und kostenlos publizieren